动物的防卫

撰文/胡妙芬　　审订/杨健仁

中国盲文出版社

怎样使用《新视野学习百科》？

> 请带着好奇、快乐的心情，展开一趟丰富、有趣的学习旅程！

1 开始正式进入本书之前，请先戴上神奇的思考帽，从书名想一想，这本书可能会说些什么呢？

2 神奇的思考帽一共有6顶，每次戴上一顶，并根据帽子下的指示来动动脑。

3 接下来，进入目录，浏览一下，看看这本书的结构是什么，可以帮助你建立整体的概念。

4 现在，开始正式进行这本书的探索啰！本书共14个单元，循序渐进，系统地说明本书主要知识。

5 英语关键词：选取在日常生活中实用的相关英语单词，让你随时可以秀一下，也可以帮助上网找资料。

6 新视野学习单：各式各样的题目设计，帮助加深学习效果。

7 我想知道……：这本书也可以倒过来读呢！你可以从最后这个单元的各种问题，来学习本书的各种知识，让阅读和学习更有变化！

神奇的思考帽

客观地想一想

用直觉想一想

想一想优点

想一想缺点

想得越有创意越好

综合起来想一想

? 动物有哪些行为是为了保护自己？

? 你觉得哪种防卫方式最厉害？

? 动物的防卫行为带给人类什么好处？

? 人类有哪些行为会引来动物的防卫性攻击？

? 如果可以选择，你想用什么方式防卫自己？

? 为什么动物的防卫行为会这么多样化呢？

目录 ◼◻◻◼

◼神奇的思考帽

CONTENTS

动物如何防卫

一般而言，动物主动攻击是为了捕食猎物，或是和同种动物争夺食物、配偶、领域、位次等等；这时候，受到攻击的另一方自然要采取防卫动作。无论是主动地攻击，或是被动地自我防卫，动物的最终目的都是为了生存和繁衍后代。

小海狮（图左）借着身上的白毛，可以隐身在冰天雪地里；直到成年后，白毛才褪去（图右）。

防卫的策略

防卫的策略分成两大类型，一种是减少自己被攻击者发现或接近的机会，例如用保护色或拟态来隐藏自己，或是炫耀警戒色使攻击者不敢靠近；另一类则是利用各种方式面对攻击，例如躲入壳内、出声威吓、快速逃脱，或是直接与敌人应战。

有些动物的幼儿期和成年期会表现出不同的防

如果咆哮不奏效，大猩猩就可能站起来猛烈捶胸（无毛的胸部有扩音功能），甚至丢掷树枝等。（绘图／余首慧）

当大猩猩遇到被攻击的危险时，常以大声咆哮吓阻对方。（图左）

卫方式，例如小白尾鹿、小狮子主要都是用身上的斑点来隐藏自己，成年后斑点就消失了。至于卵和蛹的保护，则采取隐藏的方式，有些是藏在洞穴，有些采用保护色或拟态。例如许多鸟蛋的花纹和颜色与周围环境非常接近；有些蝴蝶蛹则像小树枝或树叶。

箭毒蛙色彩鲜艳的体色，具有警告的意味，让毒蜘蛛不敢轻易攻击。（图片提供/达志影像）

防卫的武器

从最原始的单细胞动物到复杂的高等动物，几乎都具有自我防卫的武器。例如草履虫有刺丝泡，一旦受到刺激，就会射出前端带

两只陆龟正在打架，看得出来哪一方输了吗？（图片提供/达志影像）

看起来像植物种子的昆虫卵，拟态的技巧堪称一绝。（图片提供/达志影像）

刺的细丝，作为防御。高等动物的防卫武器更是五花八门，包括各种身体构造，如体表上的鳞片和刺、尖锐的牙和爪、强而有力的角和蹄等等；有些动物的身体还具有分泌毒液、臭液、墨汁等化学物质或制造电流的构造。除此之外，有极少数动物如猩猩会利用树枝、石块等工具来防卫。

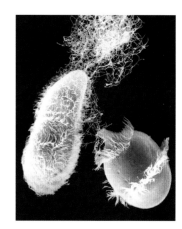

草履虫（图左）受到栉毛虫的攻击时，会射出刺丝来防卫。（图片提供/达志影像）

陷阱式的大颚

在蚂蚁的社会中，兵蚁往往特化出非常惊人的武器。科学家发现，锯针蚁的大颚长度有1.8毫米，闭合一次仅需0.13毫秒，比人类眨眼的速度还要快上2,300倍！这种大颚就像陷阱，只要被敌害触动，就能瞬间截断对手。在面对敌害入侵巢穴时，快速闭合的大颚还能作为弹射工具：先以大颚碰触坚硬的地面，再用力一夹，整个身体便弹射出去，高高跃到对手身上给以痛击。

有些蚁类具有发达的口器（大颚），可以用来觅食和防卫。（图片提供/达志影像）

安全家居

（鸟巢，图片提供/GFDL）

为了避开攻击，许多动物会将巢穴以及活动范围，安排在天敌不易发现或难以到达的地方，以作为防卫的第一步。

穴居与树栖

许多弱小动物如蚯蚓、蛙类或甲虫的幼虫等，几乎没有抵抗天敌的能力，只能选择阴暗、潮湿又狭小的缝隙、洞穴或地道栖身，因为大部分的掠食动物既无法进入，

行动缓慢的树懒，栖息在中南美洲雨林树冠的中、上层，大部分的时间都抱着树干休息，很少到地面上。（图片提供/达志影像）

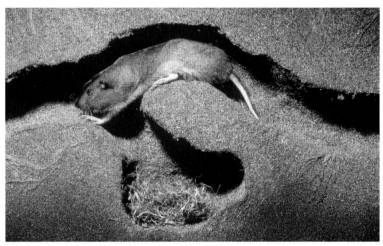

野生的鼠类通常会在地底下2—3米挖洞筑巢，不仅冬暖夏凉，还可以躲避掠食者。图为小囊鼠。（图片提供/达志影像）

也不喜欢在其中活动。有些穴居动物连活动时间也避开白天众多的掠食者，因而昼伏夜出或只在晨昏外出活动，如穴兔、犰狳等。

除此之外，由于地上的掠食者比树上多，因此有些动物选择树栖生活，并且尽量不到地面活动，如无尾熊、树懒等等；而有些树栖动物虽然在地面活动，但睡觉时便回到树上以求安全，例如大猩猩。

巧手打造安全堡垒

有些动物的巢穴不但地点隐秘，同时还经过精心的设计，让外敌难以入侵。这些能力有些是先天遗传而来，

河狸用树枝和泥巴在岸边或水中小岛上筑巢，巢穴的入口隐藏在水中。（图片提供/GFDL）

有些则是后天习得。

能够避免敌人入侵的巢穴，入口都特别讲究。例如河狸以树枝在河流、湖泊中央筑起锥状巢，虽然突出水面，但入口却在水面下，使不谙水性的掠食动物找不到入口或根本无法进入；穴兔挖掘四通八达的地下洞穴，仿佛迷宫一般，使敌人困惑；有些织巢鸟将入口做成细细的管状，只能承担鸟儿的重量，一旦有蛇、鼠侵入，就会断裂，使掠食者重重摔下；雄犀鸟会衔湿泥将在树洞中孵蛋的配偶"封"起来，仅留一个可供喂食的小洞口，避免蛇、猴子等干扰，直到小犀鸟成长到能飞后才开封。

雄犀鸟通过小洞喂食雌犀鸟。（插画/张文采）

无螫蜂正飞离它用蜂蜡和树胶所筑成的白色蜡质蜂巢，入口窄小的漏斗状构造，使外敌不容易入侵。（图片提供/达志影像）

海参肛门里的怪房客

隐鱼，顾名思义是"隐士"般的鱼，隐居处却是大型海参的泄殖腔！隐鱼的体形娇小，游速不快，也少有防御能力。它们的防卫之道就是把海参当作"家"，而海参的肛门就是"家门"。白天，隐鱼从海参的肛门钻进躲藏、休息；晚上，它们才出外觅食。

海参就像一个行动缓慢的活动洞穴，提供隐鱼安全的庇护。不过，这个肛门里的家会不会不卫生呢？由于海参是摄食海底的泥沙，以消化其中的矽藻、甲壳动物等小型生物，或以海藻为食，所排放的粪便其实是干净的泥沙，因此隐鱼可没这个困扰！

一条隐鱼正要从海参的肛门钻进海参的体内。（图片提供/达志影像）

隐匿色

许多动物用外表的颜色或花纹来防卫，称为"保护色"。许多弱小的动物以保护色来躲避敌害，而强大的掠食动物也常具有保护色，以利埋伏、偷袭猎物。根据功能的不同，保护色又分为隐匿色、适应色及警戒色。

喜欢在树林里四处活动的松鼠，体色和树干颜色相近，形成一种隐匿色。（摄影/巫红霏）

动物隐身术

有些动物天生就具有和栖息环境很相近的体色，使自己不容易被天敌发现，称为"隐匿色"。隐匿色和其他保护色一样，通过亲代遗传而来，是经过长时间进化的结果。由于体色和环境较近似的个体比较不容易被敌人捕食，能够生存下来，顺利地繁殖后代，这样一代一代经过自然选择，将这种体色遗传下去，后代身上的保护色便愈来愈逼真、完美。

有些具有隐匿色的动物，为了自我保护，活动范围相当狭小，使自己局限在背景和体色相近的环境中，有时还得静止不动以避免被天敌发现，因此可能会影响觅食的活动，或减少食物的来源。因此，这类动物通常以安静的习性，来降低能量的消耗及对食物的需求。

这只魟鱼体色是淡黄色带有蓝点，停息在海底的沙滩上，让掠食者或猎物都不容易发现。（图片提供/达志影像）

悠游于海洋上层的海豚，白色的腹部是它天然的保护色。（图片提供/达志影像）

这条生活在珊瑚礁中的鱼，体色艳丽、繁复，几乎让人看不出它的身体轮廓。

陆上与海中的安全装扮

在陆地上，树叶、草地多为绿色系，土壤、树干或干枯的枝叶多为褐色系，所以夹杂各式花纹的绿、褐色是最常见的保护色。至于在海洋上层游动的鱼类、鲸，甚至企鹅，往往背部呈蓝黑色或深蓝色，腹部则偏白，如此一来，由上往下看，背部和深蓝的海水颜色相仿；由下往上看，腹部则和透着日光的水面颜色一致，很不容易被发现。

另外，许多动物带着特殊的条纹、斑点或色块，像斑马、花豹、长颈鹿，甚至海洋珊瑚丛中色彩斑斓的热带鱼，都是为了打破身体的轮廓，让身体形状远远看来不像是一只动物。

人类的迷彩装

人类是聪明的动物，懂得学习大自然的智慧，例如军人在野地战斗时，为了不轻易被敌军发现，会穿上颜色深浅不一、花纹也不规则的绿褐色军服，就是所谓的"迷彩装"；有时还会在脸部涂上黑色或迷彩，以免太过显眼。战车、炮台或其他军事装备也常涂有迷彩，以躲开敌人的侦察。另外，进行野外生物观察或研究的人员，为了避免惊动观察中的动物，也经常穿上迷彩装。

斑马身上的黑色条纹，具有混淆掠食者视觉的功能。（图片提供/GFDL）

这名军人连枪支也披挂绿色布条，以掩护自己不被敌方发现。（图片提供/欧新社）

适应色

（雷鸟，图片提供/维基百科）

有些动物的体色会随着环境而改变，例如季节变换、遭遇敌人或是移动到新的栖息地，称为"适应色"。

绿树蛙会随环境迅速变化体色的深浅。（图片提供/达志影像）

变色龙的体色会随环境的光线和温度而改变，借以调节体温，也具有保护色的功能。（图片提供/达志影像）

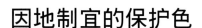
因地制宜的保护色

隐匿色的缺点是活动范围仅限于背景颜色和体色相同的环境。有些动物则进化出能配合环境而改变体色的能力，便扩大了安全的躲避范围。

这类具有变色能力的动物，大多属于两栖类、爬行类、鱼类或软体动物。它们通过皮肤层中色素颗粒的扩散、聚集或移动，来改变体表颜色。例如许多蛙类栖息在绿叶

间时，皮肤中的黑色素便会聚集，而显出翠绿的肤色；一旦转换到枯枝落叶之中，黑色素就会扩散，形成较暗的绿褐色。变色龙最外面一层皮肤透明无色，向内接着是两层分别为红色和黄色的色素层，然后是能反射蓝光的反射层与反射白光的反射层，当黑色素遮盖其中一种颜色，其他颜色就更能显示出来，因此，变色龙借着黑色素在各皮肤层中的聚散，就会变换出不同的颜色。

不同季节的时装表演

鱼、蛙、蜥蜴及软体动物的保护色表现在皮肤上，只要变换肤色就能快速达到保护的效果。鸟类和哺乳类则不

鸳鸯雄鸟平时的体色以橄榄棕色为主，到了繁殖期便出现华丽的繁殖羽。（图片提供/维基百科，摄影/Snowyowls）

比目鱼的色彩游戏

栖息在海洋底沙上的比目鱼，是广为人知的隐身术高手。它们有时会钻入沙堆中，静止不动，躲避天敌或突然跃起攻击猎物。配合着不同色调的底沙颜色，比目鱼的身体也会随之变深、变浅或变成深浅混杂的颜色。猜猜看，如果将比目鱼放在左白右黑的背景中，比目鱼会变成什么颜色？如果是黑白棋盘格呢？

比目鱼的体色是随眼睛周围的环境颜色而变化。如果是黑白相间的背景，比目鱼就会出现斑纹。（插画/张文采）

同，它们的体表覆有羽毛或毛，必须先脱掉旧毛，再生新毛，才能更换保护色，所需时间较长，所以通常是在季节变换时才改变体色。例如许多鸟类一年换羽两次，夏羽通常较明亮，而冬羽黯淡朴素。

在寒带地区，季节变换常使大地换上截然不同的景色，有些动物的体色也跟着变化，甚至让人误以为是两种不同的种类。例如居住在寒带的雷鸟、雪兔和白鼬，夏季时一身褐色的外装，在草木岩地间活动；冬天则换上雪白的羽毛或毛，隐身在白皑皑的雪地之中。

在加拿大的冻原上，北极野兔夏季的毛色为灰褐色（右图），冬季则换成雪白色（下图），都是为了配合环境而成为不同的保护色。（图片提供/达志影像）

警戒色

具有危险性或是口味不佳的动物，往往身披鲜艳或独特的颜色或花纹，以警告来犯的掠食者；因此，严格来说，警戒色也属于一种保护色。

海蛞蝓含有毒性，鲜艳的体色就是用来警告掠食者。这张图可以清楚看见海蛞蝓的2根触角和花朵般的裸鳃。

毒、刺与警戒色共同进化

许多动物有毒、有刺或是味道难吃，掠食者必须吃下之后才会尝到苦头，但此时为时已晚，因为被捕食者已失去了生命。因此，这些动物进化出特殊的警戒色，提前警告掠食者，以避免两败俱伤。

用来隐藏的保护色，仿佛在说："我不在这里！"相反的，警戒色像是宣布："我在这里，少惹我！"因此必须采用明显的颜色或花纹。在绿、褐色系的陆地环境中，红、黄、白色明显易见，是常见的警戒色，例如皮肤含有剧毒的箭毒蛙、或

臭鼬黑白相间的体色具有警告的作用，若受到惊吓或攻击，臭鼬就会转身、抬起后脚，从肛门腺向对方喷射臭液。（图片提供/达志影像）

人类交通标志的颜色

并非只有动物以红、黄色为警戒色，人类设计红绿灯或其他交通标志时，也以红色和黄色表达禁止和警告的意思。红、绿、黄三色在人类可见光的波谱中属于波长较长的色光，其中红光最长，黄光次之，绿光最短；波长较长的光穿透空气的能力较强，不容易被空气中的灰尘、冰晶、小水滴等微粒散射掉，因此，即使在下雨、飘雪或起雾的天气中，仍然能够发挥作用。所以判断极具危险性的动作便以红色加以禁止，可能发生危险者以黄色事先警告，柔和的绿色则代表通行。

图左的黑脉桦斑蝶具有毒性；图右则是拟态的雌红紫蛱蝶。（图片提供／达志影像）

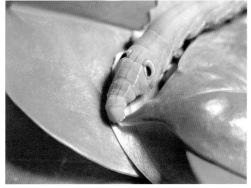

许多毛毛虫身上具有假眼纹，看起来像蛇的眼睛，具有吓阻敌害的效果。

是会喷射臭液的臭鼬。在光线可以穿透的浅海，仍容易分辨色彩，因此有毒的动物也具鲜艳的色彩，像是海蛞蝓、海蛇等；光线微弱的深海或洞穴中，由于难以分辨颜色，鲜艳的警戒色就起不了作用。

狐假虎威的警戒色

有些动物本身无毒、无刺，也非难以下咽，却模拟危险或难吃动物的体色，这也属于警戒色。例如具有毒刺的胡蜂，以

食蚜虻属双翅目昆虫，以花蜜或蚜虫分泌的蜜露为食，它的体色酷似凶猛的胡蜂，使天敌不敢轻易靠近。（图片提供／达志影像）

黄、黑色花纹为警戒色，鸟类或其他昆虫很少招惹它们，因此少数没有毒刺的昆虫也进化出类似的体色，以骗过掠食者。

有些动物本身没有毒害，体表却长有眼睛般的花纹，用以恫吓敌人，是另一种常见的警戒色。例如有些蝶、蛾的翅膀上长有这种眼纹，突然展翅时，往往会吓住天敌；少数蛙类、毛毛虫或蝶鱼也有类似的假眼睛。这些眼纹通常长在不致命的部位，就算真的被攻击，也还有逃生的机会。不过，动物学家通过实验发现，太大的眼纹骗不过鸟儿，眼纹大于2厘米的毛毛虫，鸟儿还是照吃不误。

拟态

有些动物不但体色和环境很相似，连形态也模拟得十分逼真，称为"拟态"。它们模仿的对象不只是环境，还包括其他的动物。

模拟环境

有些动物一生的活动范围很小，经常局限在某种特定的花朵、草堆、珊瑚或树丛间，经过长时间的进化，身体的颜色和形状就变得和环境十分相像。例如生长在兰花间的

酷似花朵的花螳螂，不论是掠食者或猎物都不容易发现它。（图片提供/达志影像）

花螳螂，外形就像花瓣；栖息在沿岸礁石间的石狗公，外形活像不起眼的石头；居住在海扇珊瑚间的豆丁海马，身体有瘤状突起，和珊瑚的外形十分相似。

有时候，只有体色、体形相像还不够，动作也要配合，否则可能会露出马脚。例如：有风吹过时，拟态为树枝的竹节虫，也会表现出像枝叶一样左右摇晃的动作；生活在芦苇丛中的黑冠麻鹭

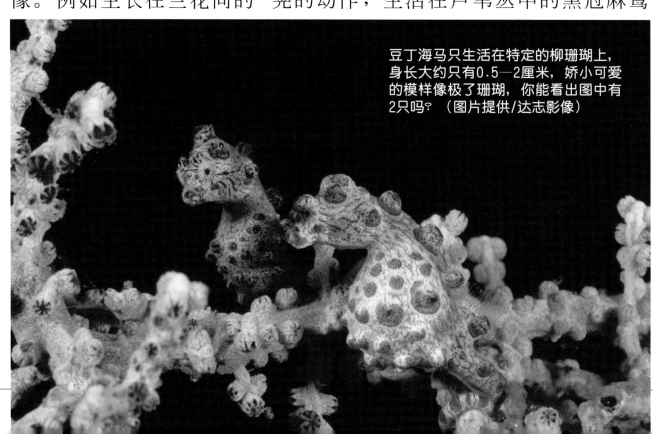

豆丁海马只生活在特定的柳珊瑚上，身长大约只有0.5—2厘米，娇小可爱的模样像极了珊瑚，你能看出图中有2只吗？（图片提供/达志影像）

竹节虫擅长伪装成树枝或叶子。（图片提供/维基百科）

等鹭科鸟类，发现有敌害靠近时，会将嘴伸向天空、颈子伸长不动，伪装成身旁的芦苇。

这只麻鹭伸长脖子隐藏在芦苇丛中。（图片提供/达志影像）

蜜蜂本身有刺，但仍模拟胡蜂的形态、体色，以增强警戒效果。（图片提供/维基百科）

模仿其他动物

一些无毒或弱小的动物，会模仿具有危险性的动物形态，以吓退掠食者。例如跳蛛模仿能分泌蚁酸、多数昆虫不喜欢吃的蚂蚁；还有些天蛾幼虫的尾部高高抬起活像一条蛇。

此外，有些动物的外形和掠食对象酷似，能引诱猎物或降低猎物的戒心。例如有些食虫虻的外形模拟为熊蜂，因此可以轻易混入熊蜂群中，吃掉它们。

这些动物以拟态创造有利的生存条

贝氏拟态和缪氏拟态

动物间的拟态主要有两类：贝氏拟态和缪氏拟态。前者由英国博物学家贝氏发现（1862），将外形模拟成有毒或难吃的动物，如无毒的蝶类模拟亲缘关系甚远的有毒蝶类，使敌害不敢吃它。后者由德国博物学家缪氏发现（1878），有毒动物彼此相像，增加敌害认识它们的机会，掠食者只要误食其一，对另一个也不敢吃了。

件，但如果某种拟态被太多种生物滥用，就比较容易被识破。因此，经过长期的进化，拟态同一种生物的动物种类并不会太多。

跳蛛模仿蚂蚁时，将2只前脚向前伸直，假装触角；这样一来，它就像6只脚的蚂蚁了。（图片提供/达志影像）

威吓

当敌害已经近在眼前，有些动物会摆出特殊的动作，以吓唬对方，使其知难而退。尤其是同种的动物之间，如果真的打到两败俱伤，对种族的生存繁衍也没有好处，因此通常先使用威吓的方法来逼退对方，避免真正的流血冲突。

河马宽大的嘴巴整个张开可达150度，露出下颚又长又粗的犬齿，威吓效果十足。（图片提供/达志影像）

出声吓人

声音虽然无法直接用来抵抗，却能壮大自身的气势，威吓对方。例如狗遇见敌害时，不但会龇牙咧嘴，同时还发出短促、尖锐的吠声，以达到威吓的效果；就连少部分鱼类受到惊吓时，也会发出令人意想不到的独特叫声。另

领域性强的鸟类，常借展翅、鸣叫等夸大的肢体动作来自我防卫。图为两只正在互相争斗的金刚鹦鹉。（图片提供/达志影像）

外，当有外敌侵入鸟巢的安全领域时，亲鸟可能以叫声驱赶，或者张开双翅，以壮大声势；群居的鸟类更经常共同发出喧闹嘈杂的警告声，展示群体的声势，让入侵者知难而退。猴子、猩猩等群居性的灵长类动物更会群起鼓噪，甚至向敌害丢掷树枝或石块。

装模作样

动物在进行攻击之前，也会先评估对手的实力。体形大小虽然未必是胜败的关键，但拥有较大的体形往往能让攻击者望而却步。因

黑猩猩懂得用树枝等工具来吓阻敌害。（图片提供/达志影像）

此，有些动物在大敌当前时，会让自己的身体胀大，希望对方评估之后知难而退。例如刺河豚会吸入水或空气，使身体像球般膨胀；蟾蜍会膨胀肺部使身体胀大，并且四足挺直站立，吓退来犯的蛇类；猩猩、猴子、猫等动物的毛发竖直、变得蓬松，也会使身体外形看起

领巾蜥蜴张开颈部两侧由软骨支撑的皮褶，虚张声势以吓阻敌人。（图片提供/达志影像）

动手做毛毛虫

凤蝶幼虫不但以假眼来吓阻敌害，一旦面对敌害时，还会从前端翻出两根触角来威吓对方。现在，我们就来做一只可爱的毛毛虫。

材料：条纹袜子、黑色小珠、毛根、棉花、无纺布、橡皮圈、白乳胶、剪刀

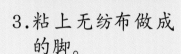

1. 将棉花塞进袜子中让它有膨胀感。
2. 把橡皮圈套在袜子外面。

3. 粘上无纺布做成的脚。
4. 缝上毛根当触角，粘上假眼纹，再缝上黑色小珠作眼睛，就完成了。

（制作/林慧贞）

狮子鱼鲜艳美丽，当遭遇侵犯时，它便展开胸鳍的鳍条，警告其他动物不要靠近；鳍条具有毒腺。

来强大几分。有些动物单使自己的头部轮廓变大，也有吓敌效果，例如领巾蜥蜴将颈部皱褶突然打开、斗鱼张开两侧的鳃盖，都能让头看起来变大、变得更凶猛。

快速脱逃

当敌害已经展开追捕，动物必须快速逃遁，或是运用特殊的战略甩开对方，才能全身而退。

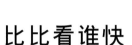

比比看谁快

快速的移动能力是动物猎食的利器之一，同时也能用来逃离敌害。尤其是草原、大洋或其他开阔地带，可供躲藏的遮蔽物不多，许多生活其间的动物往往必须快速地跑、跳、飞、游，才能够避开掠食者，例如非洲草原的鸵鸟、斑马，澳洲草原的袋鼠等等。

许多动物具备高度耐力，能长途逃跑；但有些动物的瞬间爆发力强，耐力却不足。例如比目鱼体内多具白肌（血液量较少的肌肉），血液量少，无

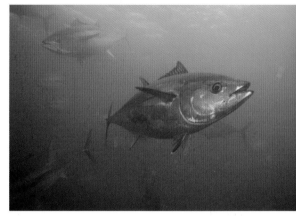

鲔鱼为海洋中洄游性鱼类，身体的肌肉可以瞬间强力收缩、产生强大力量，使鲔鱼能迅速游离掠食者。（图片提供/达志影像）

法长时间维持高速；但鲔鱼等洄游性鱼类富含红肌（血液量充足的肌肉），能长距离快游，甩开水中的掠食者。

袋鼠、兔、瞪羚具备特殊的脚部结构，能利用跳跃来节省体力或避开地面的矮障碍物，快速前进。例如瞪羚能一次跳跃3米高，跨越9米长的距离。

鸟类感觉十分敏锐，一有风吹草动，便立刻拍打翅膀飞走，让掠食者来不及捕捉。图为黑背胡狼正攻击一群鸽子。（图片提供/达志影像）

改变逃跑路线

直线前进虽然最有利于加速，但有些动物面临速度更快的掠食者时，便须改为曲线前进，或突然改变方向，以迫使对方减速。例如鸟类多数只能直线飞行，蝴蝶便以飘忽不定的不规则飞行使鸟难以瞄准；羚羊被猎豹追捕时，经常来个大转弯迫使猎豹减低速度。

有些动物甚至会突然改变运动方式，让敌害追丢，或因感到迷惑而放弃捕食。例如飞鱼的胸鳍、飞蛙的趾蹼、飞鼠前后脚间的皮膜都特化成滑翔的工具，当敌害逼近时，能突然腾空滑翔，

左图：叩头虫的前胸以铰链状的弹器结构和中后胸相连，使头部和前胸能前后活动，并发出"咔咔"声。当它们掉落地面时，能借此构造反弹到空中。（图片提供/维基百科）

当跳羚发现危险时会就地弹跳起来，同时露出臀部白毛，警告其他同伴。（图片提供/达志影像）

摆脱追逐。叩头虫腹面有一特殊的"弹器"构造，能突然叩地反弹，逃离危险现场。

草食动物的眼睛

大草原一望无际、少有遮蔽，生活其间的草食动物必须具备良好的视力，大老远就能察觉敌害逼近，以便及时奔逃，保住性命。因此，羚羊、斑马、牛、羊等草食动物的双眼通常位于嘴部上方的高处，如此一来，低头吃草的时候，也能继续观察草顶上的动静。马的两眼相距很远，使得视野非常宽广，而且可以同时接收远处及近处物体的影像，因此能够一面低头吃眼前的草，一面提防远处而来的敌害。它们通常四脚站立吃草，甚至以站姿睡觉，以便随时逃命。

草原上的斑马，低头吃草时，眼睛仍可以观察四面八方。

欺敌脱遁

（图片提供/维基百科，摄影/Michelle Reaves）

除了利用与生俱来的颜色或体态，伪装成环境中的花朵、叶片、雪堆或其他生物之外，有些动物还会表现出特殊的欺敌行为，引开敌人的注意力，然后趁隙脱逃。

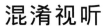

混淆视听

一只正在半个啤酒瓶中产卵的章鱼，以喷出墨汁的障眼法驱退敌人。
（图片提供/达志影像）

有些动物在脱逃不及的时候，会使用"拖延战术"来争取逃命的时间，例如章鱼遇到敌害时，会从墨囊喷出乌黑、黏稠的墨汁作为烟雾弹，趁敌人看不清的时候逃走。

有些动物则牺牲自己身体中不会致命的部分，来换取逃命的机会，例如壁虎与某些蜥蜴被追赶时，尾部能自行断裂，当对方的注意力被扭动的断尾引开时，赶紧逃离；海参能从肛门将内脏喷出以引开天敌。断尾的壁虎和仅剩体壁的海参不但能成功脱逃，不久后还能再生出新的尾巴和内脏。

另外，许多掠食者习惯先攻击眼睛、头部等致命部位，因此，不少蛾类

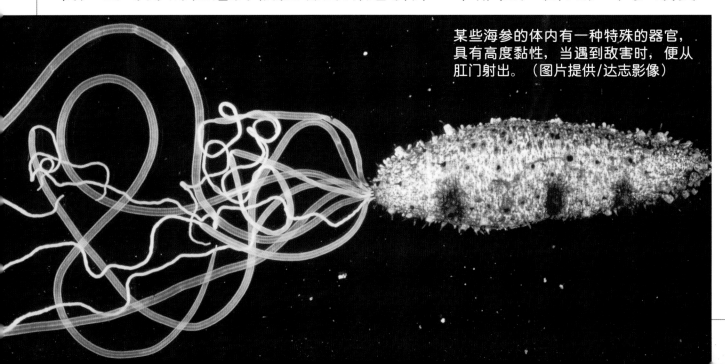

某些海参的体内有一种特殊的器官，具有高度黏性，当遇到敌害时，便从肛门射出。（图片提供/达志影像）

某些蜥蜴的尾部骨骼有多处缝隙，因此在危急时容易断尾求生。（插画/张文采）

和蝶类的翅翼尾端长有像鸟眼或蛇目般的眼纹，因为这里即使被攻击，也不会致命。

装死高招

许多动物仅猎捕活着或移动中的猎物，例如蛙类、螳螂以捕捉小型昆虫为生，其视觉能力虽然对移动的物体十分敏锐，却无法单以物体的轮廓来分辨猎物，因此，象鼻虫、蜘蛛等遇上这类敌害时，常采取"假死"的策略，一动也不动地等敌人远离再逃开。

一种栖息在亚马孙雨林中的白蜡虫（属于蜡蝉科），翅膀有假眼，而头部还有长吻，让人看不清楚真正的头部。（图片提供/达志影像）

另外，由于动物死亡后会开始腐烂，并滋生大量细菌，因此许多大型的肉食动物并不吃死尸，装死的策略便能使这类敌害停止攻击或败兴离去。狐、负子鼠、变色龙或某些鸟类都有假死行为：变色龙假死时会由树上掉落地面，以便快速脱逃；负子鼠遇上严重威胁时，体内会分泌特殊物质，使身体进入假死状态，并从肛门附近的臭腺释放特殊的臭味，让敌害以为腐烂而离去。

棉线也能钓青蛙

在早年朴实的乡村生活中，大自然的草木石头或小动物，往往就是小孩子最好的玩具。小朋友经常结伴到田边钓青蛙，不但好玩，钓来的青蛙还能为家里加菜。他们在钓线上绑上苍蝇、蚯蚓或截断的青蛙腿作为钓饵，引诱蛙儿上钩。其实，蛙类的视觉能力和人类不同，感光能力很强，但只能看到物体的轮廓，而看不清细节，对于静止不动的东西也没有反应。我们利用这个特点，只要将棉线涂黑，末端扎成一小团，上下左右晃动，在它们眼中就成了美味的蚊蝇昆虫，很快就会让它们上钩了！

在来不及躲避的情况下，负子鼠干脆翻身假死，争取最后的一线生机。（图片提供/达志影像）

抵抗与反击

许多动物的身体构造进化出防卫的武器，能够就地抵抗对手的攻击，或是加以反击。

铁甲武士

动物进化出坚硬的体表构造，就像穿上甲胄的武士一般，可以抵抗对手的尖牙、利爪，或将重击的伤害降到最低，例如蜗牛、乌龟、蚌蛤等遇敌时并不逃跑，而是就地将身体较柔软的部分缩入坚硬的壳内躲藏；寄居蟹则以第4、5对步足固定在寄居的贝壳内。一般哺乳类的体表只覆生毛发，但豪猪、针鼹及刺猬的毛特化成硬刺，遇上敌害时，豪猪会竖起长长的硬刺，针鼹、刺猬则蜷曲成一颗布满短刺的圆球；穿山甲、犰狳的体表则覆盖着瓦片状的鳞甲，遭到攻击时，

犰狳身上的鳞甲，除了可以防御敌人，还可以在逃入洞穴后，用来堵住洞口。（图片提供/达志影像）

也是蜷曲成球，以体表的鳞甲保护柔软的腹部。

迎面痛击

有些动物拥有坚硬的身体构造，用于防卫时，也能给予对方有力的攻击。例如长颈鹿、马和斑马等，都能以蹄来踢击敌害；雄鹿、牛和犀牛等，能用头上的角攻击对方；还有些动物的牙齿突

身体蜷曲起来的刺猬，像一颗小刺球，迫使掠食者知难而退。（图片提供/达志影像）

出嘴外，特化成防御武器，如大象、野猪、海象等等。

有些动物则是以毒液和电流等来反击，例如毒蛇的牙齿和

上图：袋鼠打架时以后脚站立，挥动前脚攻击；也会用尾巴支撑在地上，以后脚悬空飞踢。（图片提供/达志影像）

2只海葵以触手上的刺丝胞攻击水母。（图片提供/达志影像）

魟鱼的尾刺都能放出剧毒；电鳗体侧特化的肌肉系统能够放出电流，这些都能给予对方致命的一击。至于臭鼬和果子狸等动物遇敌时，肛门腺能分泌臭液，虽然还不会致敌于死，但也让对方倒尽胃口。一般来说，动物面对天敌时，都会先想办法摆脱对方，

这种魟鱼有"魔鬼鱼"之称，长长的尾鳍末端长有毒刺。澳洲动物保护学家——"鳄鱼先生"欧文，就是被魟鱼的毒刺刺中胸部而丧生的。（图片提供/达志影像）

鹿茸与犀牛角

中国传统医学经常以动物入药，明朝李时珍所撰写的《本草纲目》一书中，就记载了超过400种药用动物，其中包括了鹿茸和犀牛角。

鹿茸是雄鹿头上尚未骨化的幼角，锯下之后，充作补品，据说是延年益寿的圣品。由于鹿角每年都会重新生长，人们以人工养殖的方式，每年采割鹿茸贩卖，并不危及野外族群。犀牛却没这么幸运。犀牛角入中药可治疗惊痫、痉挛等病证，盗猎者大量捕杀取角，在国际间非法贩卖牟利，使得犀牛的数量锐减，目前全世界大约只剩1.2万只野生犀牛。

犀牛角是由鼻骨上表皮细胞堆积而成的，是犀牛重要的防卫武器。

反击往往是最后一道防御，甚至会造成两败俱伤，例如蜜蜂螫人之后本身便会死亡。

共生防卫

不少自身防护力量薄弱的动物，借由和其他生物"共生"来防卫自己；有时候，它们也必须为共生伙伴提供某些利益，以换取对方的保护服务。

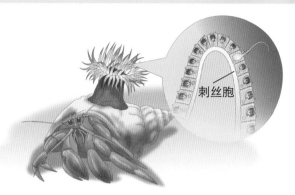

刺丝胞

寄居蟹让海葵附着在背上，利用海葵触手上的刺丝胞来防卫自己。

借用同伴的武器

（插画/吴仪宽）

共生关系是指两种不同种类的生物体，密切地生活在一起的现象。具备特殊防卫武器的生物，便很容易吸引某些较弱小的生物与其共生。

外形扁长的刀片鱼，常在长棘海胆附近活动，偶而会与海胆分享猎物，但一旦有外敌接近或夜晚休息时，刀片鱼便钻入海胆的长刺丛中，接受庇护。

海葵的触手上具有刺丝胞，能分泌毒液攻击猎物或敌害，也被许多海洋生物利用作为共生防卫，例如小丑鱼的体表能够分泌特殊物质，不怕海葵的

海葵是小丑鱼最安全、舒服的家。

刺丝胞，因此能安心居住在海葵的触手之间得到保护，而小丑鱼吃剩食物的残渣也可以供海葵食用。同样的道理，寄居蟹的壳也经常让海葵附着，有些螃蟹甚至将海葵抓在两只大螯上，都是为了使敌害不敢靠近。

借刀杀人的海蛞蝓

海蛞蝓也借用海葵的刺丝胞来防身，但不是和平互惠的共生，而是残酷的捕食。

外形美丽柔软的海蛞蝓，以海葵、水螅、水母或珊瑚虫等具有刺丝胞的腔肠动物为主食，并且可以将吃下的有毒的刺丝胞贮存在自己的背部或裸鳃，充作自己的御敌武器。若有天敌来犯，将海蛞蝓吞入，海蛞蝓体内储存的刺丝胞就会瞬间放出有毒的刺丝，使天敌的口腔或食道疼痛难当，赶紧将海蛞蝓吐出。因此，海蛞蝓大多体色鲜艳，以警告天敌。

海蛞蝓利用尾部裸鳃中的刺丝胞来抵抗敌人。（图片提供/维基百科，摄影/Magnus Kjaer-gaard）

贴身保镖

有些弱小动物能分泌特殊物质，吸引特定的共生对象，以换取长期的照顾及守护。

为了蜜露，蚂蚁自愿当蚜虫的护卫。（图片提供/达志影像）

以吸食树液为生的蚜虫，身体柔软又弱小，是许多昆虫掠食的对象；但它们的尾部能分泌蜜露，吸引蚂蚁前来取食；蚂蚁会将蚜虫当作自己"放牧"的"乳牛"似的，守护蚜虫、赶走天敌，甚至主动将它们搬运到树汁较丰富的区域，以便提高蜜露的产量！

有些种类的小灰蝶幼虫和蚂蚁间也有类似的共生情形，但它们所分泌的蜜露除了作为蚂蚁的食物，更含有特殊的化学物质，能"诱骗"蚂蚁将它们搬回蚁巢内，当作蚂蚁幼虫般的喂食、清理身体。

共生针虾住在海胆的棘刺中寻求保护。（图片提供/达志影像）

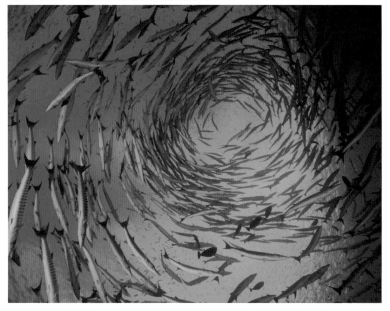

单元 12

群体防卫

许多动物采取个体的防御行为，有些动物则利用群体生活来提高自身的安全。无论是分散天敌的注意力或是分担戒备工作，团体生活能节省个体消耗在防御上的时间和精力，而多用在觅食、求偶或育幼等其他用途。

稀释效应

在群体中被捕捉的数量总和，如果小于分散生活时被捕捉的总数，动物就会慢慢进化出群居的习性。

鱼、鸟或草食性哺乳动物，经常成群栖息，少则数十只，多则形成数千，甚至上万的庞大群体。当天敌来临时，愈庞大的群体，愈可降低个体被敌害锁定、

梭鱼以成群快速回游绕圈的方式，让天敌眼花缭乱，无法有效地攻击。（图片提供/达志影像）

上颚长有两只长牙的海象，群聚生活，彼此"守望相助"。

捕食的几率。例如拥有100只成员的麋鹿群，单只麋鹿被熊捕食的几率为1/100；但在1000只的麋鹿群中，单只麋鹿被熊捕食的几率则降为1/1000，个体被捕食的危险就像在群体中被"稀释"了，称为"稀释效应"。

此外，当群体以不同的路线一起奔逃时，掠食者较易分心，不容易锁定同一目标。因此，在狩猎行动中被捕捉的大多是落单、年老、幼小或因伤病而行动不便的个体。

红鹤生活在浅湖或海岸边，成千上万群聚在一起，可降低个体被攻击的几率。

卫兵站哨

　　"守望相助"也是群体防卫的重要方式，例如在企鹅、海象、海狮的庞大群体中，由许多双眼睛、耳朵共同守望，敌人无论由哪个方向靠近，都很难不暴露行迹。有些动物的成员发现有敌人入侵时，会发出警告的声音，通知大家赶紧躲避，例如草原土拨鼠、西非塌鼻猴等，会以不同的叫声，警告空中有猛禽盘旋或地上有毒蛇逼近。此外，有些动物会由一只或数只成员充当"哨兵"，好让其余的成员专心觅食或安心休息，例如狐獴、猕猴等。

　　有的群体还包含不同种类的动物，如非洲草原上的牛羚、斑马、鸵鸟等，经常混合成群，一旦发现敌害就一齐奔逃。栖息林间的小型鸟类，也经常混杂成群，提高觅食途中的安全。

巫姆野牛跳崖

　　19世纪之前，遍布北美洲的美洲野牛，经常组成成千上万只的庞大群体，在草原上集体觅食。当狼群、山狮等掠食动物出现时，成年的公牛会以双角对外、排列成圈，保护圈内较弱小的母牛或小牛；但若遇上大火或巨大的声响，就会慌张群起奔逃。巫姆野牛跳崖公园位于美国蒙大拿州，境内有座落差极大的断崖，就是过去印地安人捕捉野牛的地方。印地安人在牛群四周点火，并且大声乱叫，使牛群不顾一切慌忙奔逃，纷纷摔落崖下，成为印地安人的战利品。

草原土拨鼠遇到危险时，会举起前脚并吠叫，以警告同伴。（图片提供/达志影像）

保卫幼儿

大部分的动物幼儿十分脆弱，是一生中最容易被天敌捕食的阶段。鸟类和哺乳动物既是自然界的育儿高手，自有一套保卫幼儿的诀窍。

备受呵护的幼儿

哺乳类是胎生动物，刚出生的幼儿包覆在羊膜内，全身沾满湿黏的血水，散发血腥的气味，很容易引来掠食者。因

加里曼丹岛红毛猩猩的母猿会细心照顾幼儿，直到它长大成年。（图片提供/达志影像）

母长颈鹿正努力地生出小长颈鹿，也好奇地嗅闻仔鹿。（图片提供/达志影像）

此，大部分的雌性哺乳动物在即将生产前，会寻觅隐蔽的地方，孤独而安静地产下幼仔，并且快速地把幼儿舔净，吃掉羊膜和胎盘，以免掠食者闻风而来。

由于激素的影响，雌性哺乳动物生下幼儿后，自然会较具攻击性和排他性，以保卫幼儿安全。有些种类的哺乳类，会由育有幼儿的雌性结成育幼群体，共同分担守护幼儿的工作，例如大象、蝙蝠、鲸等等。

狐以隐秘的洞穴养育幼儿，并不时为幼儿舔净身体。（图片提供/达志影像）

鸟巢内的安全天地

绝大部分的鸟类，只在繁殖幼鸟时，筑巢而居。换句话说，鸟巢是专为抚育下一代而建造的。除了防风、保暖之外，巢位的选择必须十分隐秘，而且蛋壳和幼雏的颜色通常十分朴素，大多是不起眼的灰、褐色，好让父母出外觅食时，不易被蛇、鼠、鹰等天敌发现。亲鸟常常将破碎的蛋壳或幼鸟排放的"粪囊"叼至离巢较远的地方丢弃，甚至亲口吃下，除了保持鸟巢的清洁，也使掠食者不易发现鸟巢的地点。

出外觅食的亲鸟回巢前，为了避免暴露鸟巢的位置，往往先停在巢位附近的枝桠上守望，确定附近没有天敌才飞回巢内。当上空有猛禽逼近时，东方环颈鸻的母鸟还会在离巢一段距离之外的地面扑翅而行，假装受伤，把天敌的注意力从鸟巢引开，等天敌飞下攻击，再飞行逃离。

这种鸟喜欢吃蜂类，因此称为"蜂虎"。它们集体在垂直裸露的土壁上筑巢，当遭到蛇类攻击时，便联手驱退敌人。（图片提供/达志影像）

自立自强的小鸌

大部分的幼鸟都没有御敌能力，但自然界中总有例外。有一种鸌的幼鸟，只要4天大就能保护自己；当亲鸟外出，有天敌靠近鸟巢时，它们能自喉咙喷出胃内的食物来攻击敌人。这些喷出的呕吐物带着胃酸、鱼油和消化到一半的肉糜，一旦被黏上奇臭无比，许多动物都很不喜欢；如果来犯的敌害是鸟类，羽毛的防水功能更可能被破坏，甚至因此而间接丧命。

东方环颈鸻的鸟巢多在石砾滩上，鸟蛋的颜色与环境接近。

东方环颈鸻假装翅膀受伤而在地面跳跃行走，以声东击西的方式将敌害引离鸟巢。（插画/陈和凯）

利他的防卫

动物防卫的目的是为了求生存，但有时在动物族群中，防卫他人比防卫自己所得到的利益更大时，就可能进化出"利他行为"。

一只长尾印度猕猴正发出吼叫声，警告同伴有外来者入侵。（图片提供/达志影像）

等待继承的小卫兵

在一般的群居动物中，例如狐獴、猕猴等，少数的个体会牺牲自己觅食的时间来负责警戒，或是发出声响警告同伴，让自己暴露在较大的风险之中，这就属于利他行为。不过，它们自己通常还是有繁殖后代的机会。

在少数动物的例子中，巢位或领地的资源有限，动物在还无法占有巢位和繁殖后代之前，只好放弃自己的权利，先留在群体中担任助手，帮助其中居领导地位的成员照顾后代或捍卫领地，等待有朝一日自己能成为首领、继承巢位或领域。例如有些鸟种成年后先留在亲鸟的领域中帮忙，直到亲鸟死亡或消失，才能继承巢位。

狐獴的团体中会有1或2只狐獴担任哨兵，其他则负责巡逻，若有危险便发出警告；甚至会利用不同的警告声，来表示老鹰、蛇和胡狼等不同掠食者的入侵。（图片提供/达志影像）

台湾蓝鹊会协助亲鸟养育幼鸟，等待将来有机会继承巢位。（摄影/傅金福）

牺牲小我、完成大我

在进化上，社会性昆虫是利他行为的最高表现。白蚁、蜂、蚂蚁等社会性昆虫，由数百甚至成千上万的个体组成庞大的生命共同体；其中的个体分成"后"、"工"、"兵"等阶级，以执行不同任务。仅有蚁后或蜂后能繁衍后代；其他阶级本身没有生殖能力，无法繁殖自己的后代，仅能奋力捍卫家园，保卫亲族的基因传承。

蜜蜂的尾针连接着内脏，当它螫刺敌人后，内脏就会跟着被拉出。（图片提供/达志影像）

经过长时间的进化，执行防卫的个体特化出许多特殊的防御构造，和其他阶级明显不同，例如体形有数倍至数百倍大、进化出利刃般的大颚或螫刺。它们会表现出动物界中极少见的利他行为，为抵抗敌害甚至牺牲自己的生命。例如蜜蜂的针尾具有倒钩，螫刺敌人后，自己会因内脏脱出而死亡；有些蚁种在敌害侵入时，兵蚁会倾巢而出抵御敌害，工蚁则趁机在巢内修补破损的蚁窝，将敌害连同自己的同伴关在巢外，兵蚁即使在战斗中幸存，仍因无法回巢而死亡。

战时英雄，平时呢

有些社会性昆虫的士兵阶级，特化出非常惊人的御敌构造，专门用以痛击敌人，但却丧失一般个体普遍的营生能力。因此，它们战时是征战英雄，和平时期却像社会的寄生虫，需要别人的照养。例如白蚁的兵蚁分为两种类型，其中一种大颚特化成像刀叉状的武器，另一种则整个头部延伸成象鼻的管状构造，能喷射胶质来御敌，它们因此失去取食能力，平时完全得由工蚁喂食。

长颚蚁的工蚁（图左）从尾部喷出毒液驱退敌害，保护自己和幼虫。此外，长颚蚁的上颚分为左右两半，可以快速地开合，也是强而有力的御敌武器。（图片提供/达志影像）

英语关键词

防卫	defense
自卫	self-defense
攻击	attack
打架	fight
反击	fight back
掠食者	predator
猎物	prey
保护色	camouflage
警戒色	warning coloration
拟态	mimicry
威吓	threat
假死	to play dead
逃脱	escape
跳跃	jump
滑翔	glide
共生	symbiosis
群体	group

守卫	guard
稀释	dilute
利他行为	altruistic behavior
警报声	alarming call
色素	pigment
刺	sting
鳞片	scale
外壳	shell
蹄	hoof
角	horn
爪	claw
牙	teeth
象牙	ivory
羽毛（指全身羽毛）	plumage
毒	poison
臭气	stinky odor
斑马	zebra

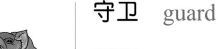

变色龙　chameleon

北极野兔　arctic hare

比目鱼　flatfish

毛毛虫　caterpillar

螳螂　mantis

竹节虫　stick insect

大猩猩　gorilla

狒狒　baboon

河豚　puffer fish

瞪羚　gazelle

鲔鱼　tuna

叩头虫　click beetle

章鱼　octopus

蜥蜴　lizard

壁虎　gecko

海参　sea cucumber

负子鼠　opossum

刺猬　hedgehog

穿山甲　pangolin

水母　jelly fish

魟鱼　ray

胡蜂　paper wasp

毒蛇　venomous snake

海蛇　sea snake

箭毒蛙　poison dart frog

臭鼬　skunk

电鳗　electric eel

海胆　sea urchin

海葵　sea anemone

小丑鱼　clownfish

寄居蟹　hermit crab

蚜虫　aphid

海蛞蝓　sea slug

狐獴　meerkat

新视野学习单

1 以下哪些是动物在日常生活中可能面对的敌人?
（多选）
　1.掠食者
　2.竞争配偶的同种个体
　3.抢夺领域的入侵者
　4.不听话的幼儿
（答案见06—07页）

2 下列哪些叙述是正确的? （单选）
　1.动物一生的防卫方式都是固定的。
　2.动物的防卫方式都是正面抵抗。
　3.较低等的动物没有防卫的能力。
　4.动物的防卫和攻击一样是为了生存、繁衍后代。
（答案见06—07页）

3 连连看，以下这些动物具有哪种防卫武器? （多选）
　大象·　　　　　·毒·　　　　　·眼镜蛇
　穿山甲·　　　　·角或蹄·　　　·罗非鱼
　胡蜂·　　　·牙、喙或口器·　　·马
　羚羊·　　　　　·鳞·　　　　　·鹿

（答案见06—07页）

4 动物可以采用哪些方式来减少被攻击者发现或接近，请列举3种。
　_____　_____　_____

（答案见08—17页）

5 下列动物的体色属于哪一种保护色，请填入空格。
　隐匿色　　适应色　　警戒色
　雷鸟（　　）　　胡蜂（　　　）　　蛇目蝶（　　　　）
　企鹅（　　）　　幼狮（　　　）　　箭毒蛙（　　　　）
（答案见10—15页）

6 关于动物的拟态，哪些叙述是正确的? （多选）
　1.拟态只是体色、形态相似，和动作完全无关。

2.拟态的对象包括环境和其他动物。

3.有毒的动物根本不需要再模拟其他有毒的动物。

4.有些动物也利用拟态来猎食。

（答案见16—17页）

7 以下都是常见的动物，请描述它们会表现出哪种威吓的动作？

1.狗

2.猫

3.泰国斗鱼

4.鹦鹉

5.猕猴

（答案见18—19页）

8 下列动物分别以哪种方式脱逃？连连看。

鲔鱼·　　　　　　·装死

叩头虫·　　　　　　·弹跳

章鱼·　　　　　　·快游

壁虎·　　　　　　·喷墨汁

负子鼠·　　　　　　·断尾

（答案见20—23页）

9 下列哪些叙述是正确的？（是非题）

（　）犰狳、刺猬遇敌会蜷曲成球状。

（　）臭鼬和果子狸会从肛门喷出臭液。

（　）刀片鱼和海胆共生，是利用海胆的硬棘来防身。

（　）动物群居在一起，可以节省警戒的精力。

（答案见24—29页）

10 以下哪一个"不是"利他的行为？（单选）

1.虎头蜂攻击侵犯蜂巢的人。

2.狐獴以声音警告同伴有敌人来袭。

3.流浪狗将野猫逐出自己的势力范围。

4.工蚁抢修蚁巢，任由兵蚁被关在巢外、战死沙场。

（答案见24—29，32—33页）

◼️◼️◼️ 我想知道……

这里有30个有意思的问题，请你沿着格子前进，找出答案，你将会有意想不到的惊喜哦！

开始！

为什么河狸要在河流中央筑巢？ **P.09**

斑马身上的条纹有什么功能？ **P.11**

为什么背部是腹部

有哪些动物会装死？ **P.23**

刺猬如何防卫自己？ **P.24**

袋鼠如何挥拳打架？ **P.25**

太棒得美牌。

为什么壁虎要断尾呢？ **P.22**

为什么哺乳动物生产后较具有攻击性？ **P.30**

为什么亲鸟回巢前常常先停留在附近？ **P.31**

动物也会牺牲自己、保护别人吗？ **P.32**

羚羊如何才有机会摆脱猎豹？ **P.21**

为什么梭鱼鱼群要绕圈子游动？ **P.28**

群体生活对于动物有什么好处？ **P.28**

颁发洲金

太厉害了，非洲金牌也是你的。

叩头虫遇敌时如何逃脱？ **P.21**

飞鱼真的可以飞吗？ **P.21**

瞪羚最高可以跳几米？ **P.20**

为什么可以长快游？

海豚的深色，而是白色？
P.11

变色龙为什么能改变颜色？
P.12

比目鱼会如何变色？
P.13

不错哦，你已前进5格。送你一块亚洲金牌。

了，赢洲金

为什么野生犀牛数量变少？
P.25

为什么小丑鱼不怕海葵的刺丝胞？
P.26

为什么北极野兔夏天不是白色？
P.13

为什么红色常被用来做警告色？
P.14

太好了！
你是不是觉得:
Open a Book！
Open the World！

为什么有些小动物喜欢靠近海胆生活？
P.26

蝴蝶和蛾类身上的假眼纹有什么功能？
P.15

大洋牌。

海蛞蝓的毒性是来自哪种动物？
P.27

为什么寄居蟹身上会有海葵？
P.27

动物拟态的对象通常有哪些？
P.16

鲔鱼距离
P.20

猫受攻击时为什么要竖起毛发？
P.19

获得欧洲金牌一枚，请继续加油。

河豚如何膨胀身体？
P.19

图书在版编目（CIP）数据

动物的防卫：大字版 / 胡妙芬撰文．—北京：中国盲文
出版社，2014.5

（新视野学习百科；27）

ISBN 978-7-5002-5028-9

Ⅰ．①动… Ⅱ．①胡… Ⅲ．①动物行为—青少年读物
Ⅳ．①Q958.12-49

中国版本图书馆 CIP 数据核字 (2014) 第 059536 号

原出版者：暢談國際文化事業股份有限公司
著作权合同登记号 图字：01-2014-2152 号

动物的防卫

撰　　文：胡妙芬

审　　订：杨健仁

责任编辑：李　爽

出版发行：中国盲文出版社

社　　址：北京市西城区太平街甲 6 号

邮政编码：100050

印　　刷：北京盛通印刷股份有限公司

经　　销：新华书店

开　　本：889×1194　1/16

字　　数：33 千字

印　　张：2.5

版　　次：2014 年 12 月第 1 版　2014 年 12 月第 1 次印刷

书　　号：ISBN 978-7-5002-5028-9/ Q · 13

定　　价：16.00 元

销售热线：（010）83190288 83190292　　　　　版权所有　侵权必究

绿色印刷　保护环境　爱护健康

亲爱的读者朋友：

　　本书已入选"北京市绿色印刷工程—优秀出版物绿色印刷示范项目"。它采用绿色印刷标准印制，在封底印有"绿色印刷产品"标志。

　　按照国家环境标准（HJ2503-2011）《环境标志产品技术要求 印刷 第一部分：平版印刷》，本书选用环保型纸张、油墨、胶水等原辅材料，生产过程注重节能减排，印刷产品符合人体健康要求。

　　选择绿色印刷图书，畅享环保健康阅读！

北京市绿色印刷工程